西藏自治区
水土保持工程
概（估）算编制规定

西藏自治区水利厅
西藏自治区发展和改革委员会　发布

U0294330

中国水利水电出版社
www.waterpub.com.cn
·北京·

图书在版编目（CIP）数据

西藏自治区水土保持工程概（估）算编制规定 / 西藏自治区水利厅，西藏自治区发展和改革委员会发布. -- 北京：中国水利水电出版社，2020.7
ISBN 978-7-5170-8650-5

Ⅰ. ①西… Ⅱ. ①西… ②西… Ⅲ. ①水土保持－水利工程－概算编制－规定－西藏 Ⅳ. ①TV512

中国版本图书馆CIP数据核字（2020）第107778号

书　　名	西藏自治区水土保持工程概（估）算编制规定 XIZANG ZIZHIQU SHUITU BAOCHI GONGCHENG GAI（GU）SUAN BIANZHI GUIDING	
作　　者	西藏自治区水利厅　西藏自治区发展和改革委员会　发布	
出版发行	中国水利水电出版社 （北京市海淀区玉渊潭南路1号D座　100038） 网址：www.waterpub.com.cn E-mail：sales@waterpub.com.cn 电话：（010）68367658（营销中心）	
经　　售	北京科水图书销售中心（零售） 电话：（010）88383994、63202643、68545874 全国各地新华书店和相关出版物销售网点	
排　　版	中国水利水电出版社微机排版中心	
印　　刷	清淞永业（天津）印刷有限公司	
规　　格	140mm×203mm　32开本　3.25印张　94千字	
版　　次	2020年7月第1版　2020年7月第1次印刷	
印　　数	0001—1200册	
定　　价	68.00元	

凡购买我社图书，如有缺页、倒页、脱页的，本社营销中心负责调换
版权所有·侵权必究

西 藏 自 治 区 水 利 厅（文件）
西藏自治区发展和改革委员会

藏水字〔2020〕34 号

关于颁布《西藏自治区水土保持工程概算
定额》《西藏自治区水土保持工程施工
机械台时费定额》《西藏自治区水土保持
工程概（估）算编制规定》的通知

各市（地）水利局、发展和改革委员会、有关单位：

为适应西藏自治区经济社会的快速发展，进一步加强水土保
持工程造价管理和完善定额体系，合理确定和有效控制工程投
资，提高资金使用效益，根据《中华人民共和国水土保持法》
《西藏自治区实施〈中华人民共和国水土保持法〉办法》，结合近
年来生产建设项目水土保持工程和水土保持生态建设工程等建设
项目实施情况，自治区水利厅组织编制了《西藏自治区水土保持
工程概算定额》《西藏自治区水土保持工程施工机械台时费定额》
《西藏自治区水土保持工程概（估）算编制规定》，经水利行业部
门审查，并征求了相关部门意见，现予以颁布，自 2020 年 7 月
1 日起执行。本次颁布的定额和编制规定由西藏自治区水利厅负
责解释。

附件：1. 西藏自治区水土保持工程概算定额

2. 西藏自治区水土保持工程施工机械台时费定额

3. 西藏自治区水土保持工程概（估）算编制规定

西藏自治区水利厅　西藏自治区发展和改革委员会

2020 年 5 月 25 日

西藏自治区水土保持工程概（估）算编制规定

主持单位： 西藏自治区水利厅

承编单位： 西藏自治区水土保持局

　　　　　　长江水利委员会长江科学院

定额编制领导小组

组　长：赵　辉　罗布次仁

副组长：易云飞　普布扎西

成　员：次旦卓嘎　益西卓嘎　王印海　皇甫大林

定额编制组

组　长：易云飞　张平仓

副组长：税　军　宫奎方　刘纪根　程冬兵

　　　　海　滨　迷玛次仁

主要编制人员

程冬兵　海　滨　杨贺菲　刘晓璐　邹　翔

刘晨曦　李　昊　张文杰　胡　波　张长伟

谢　浩　杨　晶　童晓霞　石劲松　乔　哲

张　超　迷玛次仁　拉巴扎西　周　鹏

谭杰峻　格桑卓玛　扎西坚村　旦增加拉

格桑旺堆　旦增松格　萍　央　嘎玛石达

德吉色珍　张志强　梁　博　洛桑旦增

张宙阳　孙志强　张晓雪　米玛次仁

目　　录

生产建设项目水土保持工程概（估）算编制规定

总　　则

一、为适应西藏自治区生产建设项目水土保持工程投资管理的需要，提高概（估）算编制质量，规范概（估）算编制规则和计算方法，合理确定工程投资，在水利部《水土保持工程概（估）算编制规定和定额》（水总〔2003〕67号）基础上，结合生产建设项目水土保持工程建设特点和近年来西藏地区的实际情况，根据水利部《水利工程营业税改征增值税计价依据调整办法》（办水总〔2016〕132号）、《财政部 税务总局 关于调整增值税税率的通知》（财税〔2018〕32号）、《水利部办公厅关于调整水利工程计价依据增值税计算标准的通知》（办财务函〔2019〕448号）等文件要求，形成本规定。

二、本规定适用于西藏自治区范围内审批的生产建设项目水土保持工程投资文件的编制。

三、本规定应与《西藏自治区水土保持工程概算定额》及《西藏自治区水土保持工程施工机械台时费定额》配套使用。当定额子目缺项借用其他行业定额计价时，其编制方法、计价格式和取费标准应执行本规定。

四、编制的概（估）算价格水平应与生产建设项目主体工程价格水平保持一致。主体工程有调整时，水土保持工程概估算应随主体工程调整重编报批。

五、本规定由西藏自治区水利厅负责管理与解释。

第一部分 设计概算的编制

第一章 概 述

第一节 投资编制范围

本规定所指投资编制范围，仅包括水土流失防治责任范围内的水土保持工程专项投资和按照有关规定依法缴纳的水土保持补偿费，不包括虽具有水土保持功能，但以主体设计功能为主并由主体工程设计列项的工程投资。

水土保持工程专项投资是指为预防和治理因工程建设而造成的水土流失，以及监测水土流失防治效果而专门兴建的、能独立发挥水土保持功能和作用的工程投资。

主体工程中虽具有水土保持功能，但以主体设计功能为主并由主体工程设计列项的工程投资是指为主体工程目的兴建的，同时具有水土保持功能，发挥水土保持作用的工程项目投资。

第二节 概算投资组成

水土保持工程概算由工程措施费、植物措施费、监测措施费、施工临时措施费、独立费用五部分及预备费、水土保持补偿费构成。

第三节 概算文件编制依据

（1）国家和西藏自治区颁发的有关法令法规、制度和规程。

（2）西藏自治区生产建设项目水土保持工程概（估）算编制规定。

（3）西藏自治区水土保持工程概算定额、西藏自治区水土保持工程施工机械台时费定额和有关部门颁发的定额。

（4）生产建设项目水土保持工程设计文件及图纸。

（5）有关合同协议。

（6）其他。

第四节　概算文件组成内容

一、编制说明

1. 水土保持工程概况

水土保持工程建设地点、工程布置形式，工程、植物、监测及临时措施工程量，主要材料用量，施工总工期、施工总工时等。

2. 水土保持工程投资及造价指标

水土保持工程造价应说明概算编制的价格水平年和水土保持工程总投资，水土流失防治的技术经济指标包括单位水土流失面积投资（元/hm²），单位弃渣量投资（元/m³）以及各部分投资及其占总投资的比例等。

3. 编制原则和依据

（1）采用的规程、规范、规定、定额标准等文件名称及文号。

（2）人工预算单价，主要材料，施工用电、水、风、砂石料、苗木、草、种子等预算价格的计算依据。

（3）主要设备价格的编制依据。

（4）水土保持建筑安装工程定额、施工机械台时费计算标准及依据。

4. 概算编制方法

5. 水土保持工程概算编制中存在的其他应说明的问题

二、概算表格

（1）总概算表。

（2）分部工程概算表。

（3）监测措施概算表。

（4）独立费用计算书。

（5）分年度投资表。

（6）概算附表。

1）工程单价汇总表。

2）主要材料预算价格汇总表。

3）施工机械台时费汇总表。

4）主要工程量汇总表。

5）主要材料用量汇总表。

6）主要工时数量汇总表。

三、概算附件表格

（1）主要材料运杂费计算表。

（2）主要材料预算价格计算表。

（3）混凝土材料单价计算表。

（4）工程单价分析表。

（5）独立费用计算书。

第二章 项 目 划 分

第一节 简　述

生产建设项目水土保持工程专项投资项目划分为工程措施、植物措施、监测措施、施工临时措施和独立费用共五部分，各部分按工程内容分设一、二、三级项目。在一级项目之前，应按水土流失防治分区列示防治区域。

第二节 组 成 内 容

第一部分 工 程 措 施

工程措施指为减轻或避免因生产建设造成植被破坏和水土流失而兴建的永久性水土保持工程措施，包括表土保护措施、拦渣措施、边坡防护措施、截排水措施、土地整治措施、降水蓄渗措施、防风固沙措施、设备及安装工程等。

第二部分 植 物 措 施

植物措施指为防治生产建设项目水土流失、改善项目建设区生态环境而采取的植物防护、植被恢复和植被绿化美化等措施。

第三部分 监 测 措 施

监测措施指生产建设项目水土保持监测期内为观测水土流失的发生、发展、危害及水土保持设施效果和效益而修建的土建设施、配置的设备、仪表，以及监测期间的运行观测等。

第四部分 施 工 临 时 措 施

施工临时措施包括临时防护工程和其他临时工程。

1. 临时防护工程

临时防护工程指为防治水土流失而采取的各项临时防护措

施，包括临时排水、沉沙、覆盖、拦挡等措施。

2. 其他临时工程

其他临时工程指施工期的临时仓库、生活用房、架设输电线路、施工道路等。

第五部分 独立费用

独立费用由建设管理费、水土保持方案编制费、科研勘测设计费、水土保持工程监理费、水土保持设施验收费等五项组成。

第三节 项目划分表

一、工程措施项目划分表

序号	一级项目	二级项目	三级项目	技术经济指标
一	×××防治区			
（一）	表土保护措施			
		表土剥离与回填		
			土方开挖	元/m³
			土方回填	元/m³
			…	
（二）	拦渣措施			
1		拦渣坝		
			土方开挖	元/m³
			石方开挖	元/m³
			土石方回填	元/m³
			砌石	元/m³
			混凝土	元/m³
			钢筋	元/t
			固结灌浆孔	元/m
			帷幕灌浆孔	元/m
			固结灌浆	元/m

序号	一级项目	二级项目	三级项目	技术经济指标
			帷幕灌浆	元/m
			排水孔	元/m
			...	
2		挡渣墙		
			土方开挖	元/m³
			石方开挖	元/m³
			土石方回填	元/m³
			砌石	元/m³
			混凝土	元/m³
			钢筋	元/t
			...	
3		拦渣堤（堰）		
			土方开挖	元/m³
			石方开挖	元/m³
			土石方回填	元/m³
			砌石	元/m³
			混凝土	元/m³
			钢筋	元/t
			...	
（三）	边坡防护措施			
1		挡墙工程		
			土方开挖	元/m³
			石方开挖	元/m³
			土石方回填	元/m³
			砌石	元/m³
			混凝土	元/m³
			钢筋	元/t

序号	一级项目	二级项目	三级项目	技术经济指标
			...	
2		削坡开级		
			土方开挖	元/m³
			石方开挖	元/m³
			...	
3		生态护坡		
			土方开挖	元/m³
			石方开挖	元/m³
			土石方回填	元/m³
			砌石	元/m³
			灰浆抹面	元/m²
			混凝土	元/m³
			植被混凝土	元/m³
			格宾护垫	元/m²
			生态土工袋	元/m²
			生态笼砖	元/m²
			钢筋	元/t
			喷混凝土	元/m³
			锚杆	元/根
			...	
4		坡面固定		
			土方开挖	元/m³
			石方开挖	元/m³
			喷混凝土	元/m³
			锚杆	元/根
			...	
5		滑坡防治工程		

序号	一级项目	二级项目	三级项目	技术经济指标
			抗滑桩	元/m³
			喷混凝土	元/m³
			锚杆	元/根
			…	
（四）	截排水措施			
1		拦洪坝		
			土方开挖	元/m³
			石方开挖	元/m³
			混凝土	元/m³
			砌石	元/m³
			土料填筑	元/m³
			砂砾料填筑	元/m³
			固结灌浆孔	元/m
			帷幕灌浆孔	元/m
			固结灌浆	元/m
			帷幕灌浆	元/m
			排水孔	元/m
			…	
2		排洪渠		
			土方开挖	元/m³
			石方开挖	元/m³
			…	
3		排洪涵洞		
			土方开挖	元/m³
			石方开挖	元/m³
			砌石	元/m³
			混凝土	元/m³

序号	一级项目	二级项目	三级项目	技术经济指标
			钢筋	元/t
			…	
4		防洪堤		
			土方开挖	元/m³
			石方开挖	元/m³
			钢筋	元/t
			砌石	元/m³
			…	
5		护岸护滩		
			土方开挖	元/m³
			石方开挖	元/m³
			土石方填筑	元/m³
			混凝土	元/m³
			钢筋	元/t
			抛石	元/m³
			砌石	元/m³
			…	
6		截（排）水工程		
			土方开挖	元/m³
			石方开挖	元/m³
			土石方回填	元/m³
			混凝土	元/m³
			浆砌石	元/m³
			土方填筑	元/m³
			砂砾料填筑	元/m³
			…	
7		泥石流防治工程		

12

序号	一级项目	二级项目	三级项目	技术经济指标
（1）		格栅坝（拦沙坝）		
			土方开挖	元/m³
			石方开挖	元/m³
			土石方回填	元/m³
			混凝土	元/m³
			钢筋	元/t
			钢材	元/t
			砌石	元/m³
			…	
（2）		桩林		
			钢管桩	元/t
			型钢桩	元/t
			钢筋混凝土桩	元/m³
			…	
（五）	土地整治措施			
1		土地平整		
			土方回填	元/m³
			整平	元/m²
			…	
2		土地改良		
			施肥	元/kg
			土壤改良	元/m²
			…	
3		渣场改造		
			土方开挖	元/m³
			石方开挖	元/m³
			土石方回填	元/m³

序号	一级项目	二级项目	三级项目	技术经济指标
			...	
4		复耕		
			土石方回填	元/m³
			石渣回填	元/m³
			施肥	元/kg
			...	
（六）	降水蓄渗措施			
1		截（汇）流沟		
			土方开挖	元/m³
			石方开挖	元/m³
			土石方回填	元/m³
			砌石	元/m³
			混凝土	元/m³
			...	
2		沉沙池		
			土方开挖	元/m³
			石方开挖	元/m³
			土石方回填	元/m³
			砌石	元/m³
			砌砖	元/m³
			...	
3		蓄水池		
			土方开挖	元/m³
			石方开挖	元/m³
			土石方回填	元/m³
			砌石	元/m³

序号	一级项目	二级项目	三级项目	技术经济指标
			砂浆抹面	元/m²
			混凝土	元/m³
			…	
（七）	防风固沙措施			
1		压盖		
			黏土压盖	元/m²
			泥墁压盖	元/m²
			卵石压盖	元/m²
			砾石压盖	元/m²
			…	
2		沙障		
			防沙土墙	元/m³
			黏土埂	元/m
			高立式柴草沙障	元/m
			低立式柴草沙障	元/m
			立杆串草把沙障	元/m
			立埋草把沙障	元/m
			立杆编制条沙障	元/m
			防沙栅栏	元/m
			…	
（八）	设备及安装工程			
1		排灌设备		元/台
2		管道		元/m
3		安装费		
		…		

二、植物措施项目划分表

序号	一级项目	二级项目	三级项目	技术经济指标
一	×××防治区			
（一）	植物防护工程			
1		种草（籽）		
			整地	元/m²
			种植	元/m²
			草籽	元/kg
			…	
2		植草		
			草（皮）	元/m²
			栽植（籽）	元/m²
			草（皮）	元/m²
			…	
3		种树（籽）		
			整地	元/m²
			种植	元/m²
			树籽	元/kg
			…	
4		植树		
			栽植	元/株
			换土	元/m³
			支撑	元/株
			绑扎草绳	元/m
			土工格栅网	元/m
			假植	元/株
			苗木	元/株
			…	
（二）	植被恢复工程			

序号	一级项目	二级项目	三级项目	技术经济指标
1		种草（籽）		
			整地	元/m²
			种植	元/m²
			草籽	元/kg
			…	
2		植草		
			草（皮）	元/m²
			栽植（籽）	元/m²
			草（皮）	元/m²
			…	
3		种树（籽）		
			整地	元/m²
			种植	元/m²
			树籽	元/kg
			…	
4		植树		
			栽植	元/株
			换土	元/m³
			支撑	元/株
			绑扎草绳	元/m
			铁丝网	元/m
			假植	元/株
			苗木	元/株
			…	
（三）	绿化美化工程			
1		植草		

序号	一级项目	二级项目	三级项目	技术经济指标
			整地	元/m²
			草（皮）	元/m²
			栽植（籽）	元/m²
			…	
2		植树		
			整地	元/m²
			换土	元/m³
			支撑	元/株
			绑扎草绳	元/m
			铁丝网	元/m
			假植	元/株
			栽植树（苗）	元/株
			苗木	元/株
			…	
（四）	抚育工程			
1		幼林抚育		元/hm²
2		成林抚育		元/hm²
		…		
（五）	植被管护工程			
1		绿地除草		元/m²
2		绿地保洁		元/m²
3		苗木后期管护		元/株
4		苗木涂白		元/株
5		苗木编织布防护		元/m²
6		病虫害防治		元/m²
		…		

三、监测措施项目划分表

序号	一级项目	二级项目	三级项目	技术经济指标
一	监测人工费			
		高级工程师		万元/人/年
		工程师		万元/人/年
		助理工程师		万元/人/年
		…		
二	土建设施			
1		观测场地		
			场地整治	元/m²
			围栏	元/m
2		观测设施		
			土石方开挖	元/m³
			土石方填筑	元/m³
			砌砖	元/m³
			砂浆抹面	元/m²
			浆砌石	元/m³
			混凝土浇筑	元/m³
3		附属设施		
			观测用房	元/m²
			道路	元/m
		…		
三	设备及安装			
1		设备费		元/台
2		安装费		
四	资料费			
五	建设期观测运行费			

四、施工临时措施项目划分表

序号	一级项目	二级项目	三级项目	技术经济指标
一	临时防护工程			
1		临时拦挡工程		
			土石方填筑	元/m³
			土石方拆除	元/m³
			砌石	元/m³
			袋装土拦挡	元/m³
			袋装土拆除	元/m³
			…	
2		苫盖防护		
			土工布	元/m²
			塑料布	元/m²
			抑尘网	元/m²
			…	
3		临时排水		
			土方开挖	元/m³
			石方开挖	元/m³
			土工膜防渗	元/m²
			砂浆抹面	元/m²
			…	
4		临时沉沙池		
			土方开挖	元/m³
			石方开挖	元/m³
			土工膜防渗	元/m²
			砌砖	元/m³
			砂浆抹面	元/m²
			…	
二	其他临时工程			

五、独立费用项目划分表

序号	一 级 项 目	二 级 项 目
一	建设管理费	
二	水土保持方案编制费	
三	科研勘测设计费	
1		工程科学研究试验费
2		工程勘测设计费
四	水土保持工程监理费	
五	水土保持设施验收费	

第三章 费用构成

第一节 概　述

生产建设项目水土保持工程建设费用组成内容如下：

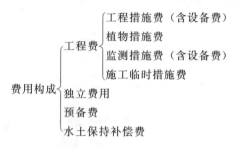

一、工程费

（一）建筑及安装工程费

建筑及安装工程费由直接费、间接费、利润、材料价差和税金组成。

1. 直接费

（1）基本直接费。

（2）其他直接费。

2. 间接费

（1）规费。

（2）企业管理费。

3. 利润

4. 材料价差

5. 税金

（二）设备费

设备费由设备原价、运杂费、运输保险费、采购及保管费组成。

二、独立费用

由建设管理费、水土保持方案编制费、科研勘测设计费、水土保持工程监理费、水土保持设施验收费五项组成。

三、预备费

1. 基本预备费

2. 价差预备费

四、水土保持补偿费

水土保持补偿费属行政事业性收费项目，按照国家和西藏自治区相关规定执行。

第二节 建筑及安装工程费

建筑及安装工程费由直接费、间接费、利润、材料价差和税金组成。

一、直接费

直接费指工程施工过程中直接消耗在工程项目上的活劳动和物化劳动，由基本直接费和其他直接费组成。

（一）基本直接费

基本直接费包括人工费、材料费、施工机械使用费。

1. 人工费

人工费指直接从事工程施工的生产工人开支的各项费用，包括：

（1）基本工资。基本工资由岗位工资和年功工资以及年应工作天数内非作业天数的工资构成。

1）岗位工资指按照职工所在岗位各项劳动要素测评结果确定的工资。

2）年功工资指按照职工工作年限确定的工资，随工作年限增加而逐年累加。

3）生产工人年应工作天数以内非作业天数的工资，包括生产工人开会学习、培训期间的工资，调动工作、探亲、休假期间的工资，因气候影响的停工工资，女工哺乳期间的工资，病假在六个月以内的工资及产、婚、丧假期的工资。

（2）辅助工资。辅助工资指在基本工资之外，支付给职工的工资性收入，包括：根据国家和西藏自治区有关规定属于工资性质的各种津贴，主要包括地区津贴、施工津贴、夜餐津贴、节日加班津贴等。

2. 材料费

材料费指用于工程项目上的消耗性材料、周转性材料摊销费。

材料费包括材料原价、运输保险费、材料运杂费、采购及保管费等。

（1）材料原价（或供应价格）。材料原价指材料不含增值税的出厂价、公司供应价或指定交货地点的价格。

（2）运输保险费。运输保险费指材料在运输途中的保险而发生的费用。

（3）材料运杂费。材料运杂费指材料从供货地至工地分仓库或工地材料堆放场所发生的各种运载工具的不含增值税运费、装卸费及其他杂费等。

（4）采购及保管费。采购及保管费指材料在采购、供应和保管过程中发生的各项费用，主要包括材料的采购、供应和保管部门工作人员的基本工资、辅助工资、工资附加费、教育经费、办公费、差旅交通费及工具用具使用费；仓库、转运站等设施的检修费、固定资产折旧费、技术安全措施费和材料检验试验费；材料在运输、保管过程中发生的损耗等。

3. 施工机械使用费

施工机械使用费指消耗在工程项目上的机械折旧、维修和动力燃料费用等，包括基本折旧费、修理费、替换设备费、安装拆卸费、机上人工费和动力燃料费等。

（1）基本折旧费。基本折旧费指机械在规定使用年限内回收原值的台时折旧摊销费用。

（2）修理费及替换设备费。修理费及替换设备费指机械使用过程中，为了使机械保持正常功能而进行修理所需费用、日常保养所需的润滑油料费、擦拭用品费、机械保管费以及替换设备、随机使用的工具附具等所需的台时摊销费用。

（3）安装拆卸费。安装拆卸费指机械进出工地的安装、拆卸、试运转和场内转移及辅助设施的摊销费用。

（4）机上人工费。机上人工费指机械使用时所配备的人员的人工费用。

（5）动力燃料费。动力燃料费指机械正常运转时所耗用的风、水、电、油、煤等费用。

（二）其他直接费

1. 冬雨季施工增加费

冬雨季施工增加费指在冬雨季施工期间为保证工程质量和安全生产所需增加的费用。包括增加施工工序，增设防雨、保温、排水等设施增耗的动力、燃料、材料以及因人工、机械效率降低而增加的费用。

2. 夜间施工增加费

夜间施工增加费指施工场地和公用施工道路的照明费用。

3. 临时设施费

临时设施费指施工企业为进行建筑安装工程施工所必需的但又未被划入施工临时措施的临时建筑物、构筑物和各种临时设施的建设、维修、拆除、摊销等。

4. 安全和文明施工费

安全和文明施工费指为保证施工现场安全作业环境及安全施工、文明施工所需要，在工程设计已考虑的安全支护措施之外发生的安全生产、文明施工相关费用。

5. 其他

其他指施工工具用具使用费、工程定位复测、工程点交、竣工场地清理、工程项目及设备仪表移交生产前的维护观察保护费，工程验收检测费等。

二、间接费

间接费是指施工企业为工程施工而进行组织与经营管理所发生的各项费用。它构成产品成本，但又不便直接计量。间接费由规费和企业管理费组成。

（一）规费

规费指政府和有关权力部门规定必须缴纳的费用（简称规费）。

1. 社会保险费

（1）养老保险费。养老保险费指企业按规定标准为职工缴纳的基本养老保险费。

（2）失业保险费。失业保险费指企业按规定标准为职工缴纳的失业保险费。

（3）医疗保险费。医疗保险费指企业按规定标准为职工缴纳的基本医疗保险费。

（4）工伤保险费。工伤保险费指企业按规定标准为职工缴纳的工伤保险费。

（5）生育保险费。生育保险费指企业按照规定标准为职工缴纳的生育保险费。

2. 住房公积金

住房公积金指企业按规定标准为职工缴纳的住房公积金。

（二）企业管理费

企业管理费指施工企业为组织施工生产经营活动所发生的费用。

（1）管理人员的基本工资、辅助工资。

（2）差旅交通费。差旅交通费指施工企业职工因工出差、工作调动的差旅费，住勤补助费，市内交通费及误餐补助费，职工探亲路费，劳动力招募费，离退休职工一次性路费及交通工具油料、燃料、牌照费等。

（3）办公费。办公费指企业办公用文具、纸张、账表、印刷、邮电、书报、会议、水电、燃煤（气）等费用。

（4）固定资产折旧、修理费。固定资产折旧、修理费指企业属于固定资产的房屋、设备、仪器等折旧及维修等费用。

（5）工具用具使用费。工具用具使用费指企业管理使用不属于固定资产的工具、用具、家具、交通工具、检验、试验、消防等的摊销及维修费用。

（6）工会经费。工会经费指企业按职工工资总额计提的工会经费。

（7）职工教育经费。职工教育经费指企业为职工学习先进技术和提高文化水平按职工工资总额计提的费用。

（8）职工福利费。职工福利费指由企业支付离退休职工的易地安家补助费、职工退职金、六个月以上的病假人员工资、按规定支付给离休干部的各项经费、职工生活困难补助、集体福利补贴、其他福利待遇等。

（9）劳动保护费。劳动保护费指企业按照国家有关部门规定标准发放给职工的劳动保护用品的购置费、修理费、保健费、防暑降温费、高空作业及进洞津贴、技术安全措施以及洗澡用水、饮用水的燃料费等。

（10）财产保险费。财产保险费指企业财产保险、管理用车辆等保险费用、危险作业意外伤害保险等。

（11）财产费用。财产费用指施工企业为筹集资金而发生的各项费用，包括企业经营期间发生的短期融资利息净支出、汇兑净损失、金融机构手续费，企业筹集资金发生的其他财务费用，以及投标和承包工程发生的保函手续费等。

（12）税金。税金指企业按规定交纳的房产税、车船使用税、土地使用税、印花税、城市维护建设税、教育费附加以及地方教育附加等各项税费。

（13）其他包括技术转让费、设计收费标准中未包括的应由施工企业承担的部分施工辅助工程设计费、投标报价费、工程图纸资料费及工程摄影费、技术开发费、业务招待费、绿化费、公证费、法律顾问费、审计费、咨询费等。

三、利润

利润指按规定应计入建筑安装工程费用中的利润。

四、材料价差

材料价差指主要材料不含增值税的预算价格与基价的差额。

五、税金

水土保持工程费用中的税金指按照国家税法规定的应计入建筑安装工程、植物措施费用等造价内的增值税额。

第三节 独立费用

独立费用包括建设管理费、水土保持方案编制费、科研勘测设计费、水土保持工程监理费、水土保持设施验收费等五项组成。

一、建设管理费

建设管理费指建设单位从工程项目筹建到竣工期间所发生的各种管理性费用，包括建设单位开办费、建设单位人员费、项目管理费三项。

1. 建设单位开办费

建设单位开办费指新组建的工程建设单位，为开展工作所必须购置的办公设施、交通工具等以及其他用于开办工作的费用。

2. 建设单位人员费

建设单位人员费指建设单位从批准组建之日起到完成该工程建设管理任务之日止，需开支的建设单位人员费用，主要包括工作人员的基本工资、辅助工资、职工福利费、劳动保护费、养老保险费、失业保险费、医疗保险费、工伤保险费、生育保险费、住房公积金等。

3. 项目管理费

项目管理费指建设单位从筹建到竣工期间所有管理费用。

（1）工程建设过程中用于资金筹措、召开董事（股东）会议、视察工程所发生的会议和差旅等费用。

（2）工程宣传费。

（3）土地使用税、房产税、印花税、合同公证费。

（4）审计费。

（5）施工期间所需的水情、水文、泥沙、气象和报汛费。

（6）工程竣工验收费。

（7）建设单位人员的教育经费、办公费、差旅交通费、会议费、交通车辆使用费、技术图书资料费、固定资产折旧费、零星固定资产购置费、低值易耗品摊销费、工具用具使用费、修理费、水电费、采暖费等。

（8）招标业务费。

（9）经济技术咨询费。

（10）公安、消防部门派驻工地补贴及其他工程管理费用。

二、水土保持方案编制费

水土保持方案编制费指根据水土保持法律法规，在主体工程立项（可行性研究）阶段，按照有关技术规程、规范编制水土保持方案所发生的费用。

三、科研勘测设计费

科研勘测设计费指为建设本工程所发生的科研、勘测设计等费用，包括工程科学研究试验费和勘测设计费。

1. 工程科学研究试验费

工程科学研究试验费指在工程建设过程中，为解决工程的技术问题，而进行必要的科学研究试验所需的费用。

2. 工程勘测设计费

工程勘测设计费指水土保持方案审批后，在水土保持工程初步设计和施工图设计阶段（含招标设计）发生的勘测费、设计费和为勘测设计服务的科研试验费用。

四、水土保持工程监理费

水土保持工程监理费指在项目建设过程中聘请监理单位，对工程的质量、进度、投资、安全进行控制，实行项目的合同管理和信息管理，协调有关各方的关系所发生的全部费用。

五、水土保持设施验收费

指水土保持工程完工后，建设单位根据有关规定和技术标准，开展水土保持设施验收所发生的各项支出，包括水土保持设施验收报告编制费、弃渣场安全评估费和其他费用等。

第四节 预 备 费

预备费包括基本预备费和价差预备费。

1. 基本预备费

基本预备费指在批准的设计范围内设计变更以及为预防一般自然灾害和其他不确定因素可能造成的损失而预留的工程建设费用。

2. 价差预备费

价差预备费指工程建设期间内由于价格变化等引起工程投资增加而预留的费用。

第五节 水土保持补偿费

水土保持补偿费是对损坏水土保持设施和地貌植被、不能恢复原有水土保持功能的生产建设单位征收并专项用于水土流失预防治理的费用。

第四章 编制方法及计算标准

第一节 基 础 单 价 编 制

一、人工预算单价

人工预算单价根据国家有关规定和西藏自治区水土保持工程特点和施工要求，人工预算单价按表4-1标准计算，或者与主体工程人工单价保持一致。

表4-1 人工预算单价计算标准表

地区类别	单位	标准	备 注
二类区	元/工时	8.95	地区类别划分详见附录1西藏自治区地区类别划分表
三类区	元/工时	10.63	
四类区	元/工时	12.42	

二、材料预算价格

（一）主要材料预算价格

对于用量多、影响投资大的主要材料，如钢材、水泥、柴油、外购砂石料及块石等，一般需编制材料预算价格，主要材料预算价格为不含增值税价格，由材料原价、包装费、运输保险费、运杂费、采购及保管费等组成。

计算公式为

材料预算价格＝［材料原价(除税价)＋运杂费(除税价)］×(1＋采购及保管费率)＋运输保险费

1. 材料原价

材料原价指材料不含增值税的出厂价、公司供应价或指定交货地点的价格。

2．运输保险费

按西藏自治区或保险公司有关规定计算。

3．运杂费

（1）运输里程。按西藏自治区交通运输厅颁发的《西藏自治区公路营运里程表》规定的公路营运里程加计营运里程终点至工地仓库或工地材料堆放地的距离计算。

（2）运杂费。

1）铁路运输，按国家铁路集团《铁路货物运价规则》及有关规定计算。

2）公路运输，按照西藏自治区交通部门现行规定或按西藏自治区不含增值税市场平均价计算。

3）一般材料如有两个以上供应点，应根据不同的运距、运价采用加权平均法计算运费。

4．采购及保管费

（1）工程措施的材料采购及保管费按材料运到工地仓库价格（不包括运输保险费）的2.3%计算。

（2）植物措施的材料采购及保管费按材料运到工地仓库价格（不包括运输保险费）的1.1%计算。

（二）主要材料单价

（1）砂石料单价。外购砂料石按工程参照大宗建材预算价格计算方法确定。外购砂、碎石（砾石）、块石、料石等应按不含增值税的价格计算，其最高限价按60元/m³计取。超过部分计取税金后列入工程单价或相应分部分项之后。

（2）钢筋、水泥单价。钢筋原价按工程所在地地、市金属材料公司、钢材交易中心不含增值税的市场价选用。水泥原价一般应按水泥生产厂家不含增值税出厂价确定。水泥品种及规格按照设计要求选用。钢筋、水泥应按基价计入工程单价参与取费，不含增值税的预算价格与基价的差额以材料补差形式计算，材料补差列入单价表中并计取税金。钢筋基价为4300元/t，水泥基价为470元/t。

（3）汽柴油单价。汽柴油原价采用工程所在地区地、市（县）镇公司不含增值税供应价。原价的代表品种按表 4－2 计算。

表 4－2　　　　　　汽柴油原价代表品种

材料名称	一类气温区	二类气温区	三类气温区	四类气温区
0 号柴油	70％	60％	50％	30％
－20 号柴油	30％	40％	50％	70％
90 号汽油	100％			

（三）植物措施材料预算价格

（1）苗木、草、种子的预算价格随行就市，根据植物类型、规格大小，以苗圃或当地不含增值税的市场价格加运杂费和采购及保管费计算。

（2）苗木、草、种子预算价格实行限价，乔木限价 30 元/株、灌木限价 15 元/株、草皮限价 10 元/m² 、种子限价 60 元/kg。当计算的预算价格超过限价时，应按限价计入工程单价参加取费，超过部分以价差形式计算，列入单价表并计取税金；当计算的预算价格低于限价时，按预算价计入工程单价。

三、电、水、风预算价格

（一）施工用电价格

施工用电价格由基本电价、电能损耗摊销费和供电设施维修摊销费组成，按西藏自治区的电网销售电价，以及有关规定进行计算，也可参考生产建设项目主体工程施工用电价格计算。

1. 电网供电

供电价格（35kV 及以上电压等级）＝基本电价（除税电价）×1.1＋供电设施维修摊销费 ［0.03 元/（kW·h）］

供电价格（10kV 及以下电压等级）＝基本电价（除税电价）×1.06＋供电设施维修摊销费 ［0.03 元/（kW·h）］

2. 柴油发电机供电

柴油发电机供电价格中的柴油发电机组（台）时总费用应按

最新规定调整后的施工机械台时费定额和不含增值税的基础价格计算。

供电价格＝1.4×［柴油发电机组（台）时总费用÷柴油发电机组（台）时额定总功率］

（二）施工用水价格

施工用水价格由基本水价、供水损耗和供水设施维修摊销费组成，根据施工组织设计所配置的供水系统设备组（台）时总费用和总有效供水量计算，也可参考生产建设项目主体工程施工用水价格计算。施工用水价格中的机械组（台）时费用应按最新文件调整后的施工机械台时费定额和不含增值税的基础价格计算。

施工用水价格＝1.37×［水泵组（台）时总费用÷水泵组（台）时额定总供水量］

（三）施工用风价格

施工用风价格包括基本风价、供风损耗摊销费和供风设施维修摊销费。根据施工组织设计所配置的空气压缩机系统设备，按照不含增值税组（台）时总费用和总有效供风量计算。也可参考生产建设项目主体工程施工用风价格计算。

施工用风价格＝1.47×［空气压缩机组（台）时总费用÷空气压缩机组（台）时额定总供风量］

四、施工机械使用费

施工机械使用费应根据《西藏自治区水土保持工程施工机械台时费定额》及有关规定计算。根据《水利部办公厅关于调整水利工程计价依据增值税计算标准的通知》（办财务函〔2019〕448号）规定，施工机械台时费定额的折旧费除以 1.13 调整系数，修理及替换设备费除以 1.09 调整系数，安装拆卸费不变。如有变化按照国家最新相关规定调整执行。

五、自采砂石料单价

当工程设计自行开采天然砂石料或人工砂石料时，砂石料单价应根据设计选定的生产工艺流程、天然颗粒级配、石质、覆盖层，以及设计利用量、弃料等，按照《西藏自治区水利水电建筑工程概算定额》和不含增值税的基础价格计算砂石料单价，该单价为定额直接费，不包括措施费、间接费、利润及税金，上述费用应在建筑工程单价中综合计算。

砂石料单价＝覆盖层清除摊销费＋毛料开采运输费＋筛洗加工费＋成品料运输费＋弃料摊销费

块石料单价＝石料场覆盖层（或无效层）清除摊销费＋开采（或捡集）费＋运输费

六、混凝土材料单价

根据设计确定的不同工程部位的混凝土标号、级配和龄期，分别计算出每立方米混凝土材料单价（包括水泥、掺和料、砂石料、外加剂和水），计入相应的混凝土工程单价内。其混凝土配合比的各项材料用量，应根据工程试验提供的资料计算；无试验资料时，可参照《西藏自治区水土保持工程概算定额》附录中的混凝土材料配合比表计算。混凝土材料单价计算时各项材料的价格为不含增值税的价格。

商品混凝土单价采用不含增值税价格计算，限价标准为 300 元/m^3。超过部分计取税金后列入工程单价或相应分部分项之后。

七、其他材料预算价格

其他材料预算价格参照执行当地工程造价管理定额站颁发的建筑安装不含增值税材料预算价格，加至工地的运输费。当地材料预算价格没有的材料，参照主体工程实际价格确定。

其他材料预算价格＝当地工程造价管理定额站颁发的建筑安装不含增值税材料预算价格＋城市材料供应边界点至工地仓库运输费

第二节　建筑、安装工程单价编制

一、建筑工程单价

1. 直接费

（1）基本直接费。

人工费＝定额劳动量（工时）×人工预算单价（元/工时）

材料费＝定额材料用量（含苗木、草及种子）×材料预算单价

机械使用费＝定额机械使用量（台时）×施工机械台时费（元/台时）

（2）其他直接费。

其他直接费＝基本直接费×其他直接费费率之和

2．间接费

间接费＝直接费×间接费费率

3．利润

利润＝（直接费＋间接费）×利润率

4．材料价差

材料价差＝（材料预算价格－基价）×材料消耗量

5．税金

税金＝（直接费＋间接费＋利润＋材料价差）×税率

建筑工程单价＝直接费＋间接费＋利润＋材料价差＋税金

二、安装工程单价

安装工程单价包括直接费、间接费、利润、税金。

（1）排灌设备安装费按占排灌设备费的6％计算。

（2）监测设备安装费按占监测设备费的5％计算。

三、取费标准

（一）其他直接费

其他直接费包括冬雨季施工增加费、夜间施工增加费、临时设施费、安全和文明施工费和其他。其他直接费费率取值见表4-3。

表4-3　　　　　　　　　其他直接费费率表

序号	工程类别	计算基础	气温区和费率/%			
			一类区	二类区	三类区	四类区
一	工程措施	基本直接费				
1	土地整治	基本直接费	4	4.5	5.5	6

序号	工程类别	计算基础	气温区和费率/%			
			一类区	二类区	三类区	四类区
2	防风固沙	基本直接费	4	4.5	5.5	6
3	其他工程措施	基本直接费	6	6.5	7.5	8
二	监测措施	基本直接费	6	6.5	7.5	8
三	植物措施	基本直接费	4	4.5	5.5	6

注：气温区划分范围见附录2西藏自治区气温区划分表。

（二）间接费

间接费费率取值见表4-4。

表4-4　　　　　　　　　间接费费率表

序号	工程类别	计算基础	间接费费率/%
一	工程措施		
1	土方工程	直接费	5.9
2	石方工程	直接费	7.9
3	混凝土工程	直接费	6.1
4	基础处理工程	直接费	6.8
5	其他措施	直接费	7.9
二	监测措施	直接费	7.9
三	植物措施	直接费	5

（三）利润

工程措施、植物措施、监测措施、施工临时措施的利润按直接费和间接费之和的7%计算。

（四）税金

税金按增值税税率9%计算。当税金标准调整时，应根据国家最新规定调整计算。

第三节　各部分投资编制

第一部分　工程措施费用

（1）按设计工程量或设备清单乘以工程（设备）单价进行编制。

（2）设备及安装工程按设备费及安装费分别计算。

（3）一级项目和二级项目按本规定执行，三级项目可根据水土保持方案或初步设计工作深度要求和工程实际情况进行调整。

第二部分　植物措施费用

按设计工程量乘以工程单价进行编制。

第三部分　监测措施费用

监测措施费包括监测人工费、土建设施费、设备及安装工程费、资料费、建设期观测运行费。

监测措施费结合国家水土保持项目管理规定计算，或根据以下方法计算：

（1）监测人工费。人工费按照高级工程师每人 8 万～10 万元/年，工程师每人 6 万～8 万元/年，助理工程师每人 4 万～6 万元/年计算。或根据西藏当地相关规定计算监测人工费含税价计算。

（2）土建设施费按设计工程量乘以工程单价进行编制。

（3）设备及安装工程费按设备费及安装费分别计算。安装费按照设备费的 5% 计算。

（4）资料费包括遥感影像、印刷费等费用，根据市场价计算。

（5）建设期观测运行费包括系统运行材料费、维护检修费和常规观测费，可在具体监测范围、监测内容、方法及监测时段的基础上分项计算，或按主体土建投资合计为基数，按表 4 - 5 所列标准计列。

表 4 - 5 　　　　　　　　**建设期观测运行费标准**

主体工程土建投资/亿元	0.01	0.03	0.05	0.08	0.1	0.5	1	2	3	4	5
建设期观测运行费/万元	5	8	10	12	15	18	24	30	35	40	46
主体工程土建投资/亿元	6	7	8	9	10	11	12	13	14	15	16
建设期观测运行费/万元	52	55	60	65	71	76	82	86	92	98	105
主体工程土建投资/亿元	17	18	19	20	25	30	40	50	65	80	100
建设期观测运行费/万元	111	116	122	128	144	162	192	216	252	290	340

注：1. 监测期大于 4 年的项目，建设期观测运行费在表列标准基础上乘 1.1 的系数。
　　2. 主体工程土建投资介于两数之间的，建设期观测运行费按照内插法计列。
　　3. 主体工程土建投资超出 100 亿元，建设期观测运行费按 0.034％计列。
　　4. 此表取费标准以水土保持工程平均海拔（加权平均）3500.00～4000.00m 为基准制定的，一个建设项目只采用一个调整系数，海拔为 4000.00～4500.00m，建设期观测运行费在表列标准基础上乘 1.05 的系数；所在地海拔为 4500.00～4750.00m 的，建设期观测运行费在表列标准基础上乘 1.09 的系数；海拔为 4750.00～5000.00m 的，建设期观测运行费在表列标准基础上乘 1.11 的系数；海拔为 5000.00～5250.00m 的，建设期观测运行费在表列标准基础上乘 1.13 的系数；海拔为 5250.00～5550.00m 的，建设期观测运行费在表列标准基础上乘 1.16 的系数；海拔为 5550.00～5750.00m 的，建设期观测运行费在表列标准基础上乘 1.18 的系数；海拔为 5750.00～6000.00m 的，建设期观测运行费在表列标准基础上乘 1.2 的系数。

第四部分　施工临时措施费用

1. 临时防护工程

临时防护工程指施工期为防止水土流失采取的临时防护措施，按设计工程量乘单价编制。

2. 其他临时工程

其他临时工程按新增水土保持措施投资的一至二部分合计的 1.0％～2.0％计算（大型工程取小值）。

第五部分　独　立　费　用

1. 建设管理费

建设管理费按新增水土保持措施投资的一至四部分合计为计算基础，根据费率列表按照累积法计取。建设管理费费率及算例见表 4 - 6。

2. 水土保持方案编制费

水土保持方案编制费，可根据实际工作量按市场调节价或合同价计列，也可以主体工程土建投资合计为计算基数，按表 4 - 7 所列标准计列。

表 4-6 **建设管理费费率表** 单位：万元

一至四部分投资合计	费率/%	算 例	
		一至四部分投资合计	建设管理费
1000 以下	2	1000	$1000×2\%=20$
1001～5000	1.5	5000	$20+(5000-1000)×1.5\%=80$
5001～10000	1.2	10000	$80+(10000-5000)×1.2\%=140$
10001～50000	1	50000	$140+(50000-10000)×1\%=540$
50000 以上	0.8	60000	$540+(60000-50000)×0.8\%=620$

表 4-7 **水土保持方案编制费标准**

主体工程土建投资/亿元	0.01	0.03	0.05	0.08	0.1	0.5	1	2	3	4	5
方案编制费/万元	4	7	10	12	14	18	23	28	33	38	43
主体工程土建投资/亿元	6	7	8	9	10	11	12	13	14	15	16
方案编制费/万元	48	54	62	67	73	78	84	90	95	100	105
主体工程土建投资/亿元	17	18	19	20	25	30	40	50	65	80	100
方案编制费/万元	110	115	119	124	140	156	181	204	239	273	320

注：1. 主体工程土建投资介于两数之间的，方案编制费按照内插法计列；主体工程土建投资超出 100 亿元的，方案编制费按 0.032％计列。
    2. 地貌类型调整系数：河谷平原区 1.0，高山区 1.1，高原湖盆区 0.9，高山峡谷区 1.18。
    3. 土建投资低于静态总投资 20％的工程，以工程静态总投资作为取费基数，按上表取方案编制费并乘以 0.8 系数，不再考虑其他调整系数。
    4. 此表取费标准以水土保持工程平均海拔（加权平均）3500.00～4000.00m 为基准制定的，一个建设项目只采用一个调整系数。海拔为 4000.00～4500.00m，方案编制费在表列标准基础上乘 1.05 的系数；海拔为 4500.00～4750.00m 的，方案编制费在表列标准基础上乘 1.09 的系数；海拔为 4750.00～5000.00m 的，方案编制费在表列标准基础上乘 1.11 的系数；海拔为 5000.00～5250.00m 的，方案编制费在表列标准基础上乘 1.13 的系数；海拔为 5250.00～5550.00m 的，方案编制费在表列标准基础上乘 1.16 的系数；海拔为 5550.00～5750.00m 的，方案编制费在表列标准基础上乘 1.18 的系数；海拔为 5750.00～6000.00m 的，方案编制费在表列标准基础上乘 1.2 的系数。

3. 科研勘测设计费

(1) 工程科学研究试验费，遇大型、特殊水土保持工程可列此项费用，按新增水土保持措施投资的一至四部分合计的 0.2％～0.5％计列，一般情况不列此项费用。

(2) 工程勘测设计费可依据《国家发展改革委关于进一步放开建设项目专业服务价格的通知》（发改价格〔2015〕299 号）

按照市场调节价，或按照合同价计列。

（3）科研勘测设计费取费基数为新增水土保持措施投资的一至四部分合计，但不包括监测措施中的观测运行费。

4．水土保持工程监理费

参考《建设工程监理与相关服务收费管理规定》（发改价格〔2007〕670号）计算，也可依据《国家发展改革委关于进一步放开建设项目专业服务价格的通知》（发改价格〔2015〕299号）按照市场调节价或合同价计列。

5．水土保持设施验收费

水土保持设施验收费可根据实际工作量按市场调节价或合同价计列，也可以主体工程土建投资合计为计算基数，按表4－8所列标准计列，四级及以上弃渣场需增设弃渣场安全评估费，单个弃渣场的安全评估费根据实际工作量按市场调节价或合同价计列，或按照表4－9所列标准计列。

表4-8　　　　　　　水土保持设施验收费标准

主体工程土建投资/亿元	0.01	0.04	0.08	0.1	0.5	1	2	3	4	5	6
设施验收费/万元	4	7	9	10	16	21	26	31	36	42	47
主体工程土建投资/亿元	7	8	9	10	11	12	13	14	15	16	17
设施验收费/万元	52	56	60	65	69	74	80	85	90	96	101
主体工程土建投资/亿元	18	19	20	25	30	40	50	65	80	100	
设施验收费/万元	106	112	118	133	148	171	195	227	260	300	

注：1. 主体工程土建投资介于两数之间的，按照内插法计列。主体工程土建投资超出100亿元的，设施验收费按0.03%计列。
　　2. 地貌类型调整系数：河谷平原区1.0，高山区1.1，高原湖盆区0.9，高山峡谷区1.13。
　　3. 此表取费标准以水土保持工程平均海拔（加权平均）3500.00～4000.00m为基准制定的，一个建设项目只采用一个调整系数。所在地海拔为4000.00～4500.00m，设施验收费在表列标准基础上乘1.05的系数；所在地海拔为4500.00～4750.00m的，设施验收费在表列标准基础上乘1.09的系数；所在地海拔为4750.00～5000.00m的，设施验收费在表列标准基础上乘1.11的系数；所在地海拔为5000.00～5250.00m的，设施验收费在表列标准基础上乘1.13的系数；所在地海拔为5250.00～5550.00m的，设施验收费在表列标准基础上乘1.16的系数；所在地海拔为5550.00～5750.00m的，设施验收费在表列标准基础上乘1.18的系数；所在地海拔为5750.00～6000.00m的，设施验收费在表列标准基础上乘1.2的系数。

表 4 - 9　　　　　　水土保持工程弃渣场安全评估费标准

弃渣场级别	4	3	2	1
取费/万元	20	30	40	80

注：1. 本表以平地型弃渣场（地形坡度小于15°）设置取费标准，当地形坡度介于15°与30°之间时。取费标准乘1.2；当地形坡度大于30°时，取费标准乘1.5。

2. 临河型弃渣场取费标准乘1.1；库区型弃渣场取费标准乘1.16；沟道型弃渣场取费标准乘1.28。

3. 根据弃渣场类型、等级和周边情况，建设期如开展实时安全监测，相关费用根据实际可能产生的费用据实计算。

4. 本表中取费已包含补充测量、地勘等工作量及费用。

第四节　预　备　费

一、基本预备费

基本预备费按新增水土保持措施投资的一至五部分合计的3%计取。

二、价差预备费

价差预备费不计。如需计取，按照国家最新有关规定计算，计算方法如下：

根据施工年限不分设计阶段。以分年度的静态投资为基数，按国家规定的物价指数计算。计算公式为

$$E = \sum_{n=1}^{N} F_n \left[(1+p)^n - 1 \right]$$

式中　E——价差预备费；

　　　N——合理建设工期；

　　　n——施工年度；

　　　F_n——建设期间第 n 年的分年投资；

　　　p——年物价指数。

第五节　水土保持补偿费

水土保持补偿费属行政事业性收费项目，按照国家和西藏自

治区相关规定执行。

第六节　水土保持静态总投资、总投资

一、静态总投资

工程新增水土保持措施投资的一至五部分投资、基本预备费及水土保持补偿费之和构成静态总投资，按顺序列在水土保持补偿费之后。

二、总投资

工程静态总投资、价差预备费之和构成水土保持总投资。

第五章　概算表格

一、总概算表

总概算表由工程措施费、植物措施费、监测措施费、施工临时措施费、独立费用五部分及预备费、水土保持补偿费共七项汇总计算而成。

总概算表

序号	工程或费用名称	建安工程费	设备费	植物措施费	独立费用	合计
	第一部分　工程措施					
一	×××防治区					
(一)	×××工程（一级项目）					
	…					
	第二部分　植物措施					
一	×××防治区					
(一)	×××工程（一级项目）					
	…					
	第三部分　监测措施					
一	监测人工费					
二	土建设施费					
三	设备及安装费					
四	资料费					
五	建设期观测运行费					
	第四部分　施工临时措施					
一	×××防治区					
(一)	×××工程（一级项目）					

44

序号	工程或费用名称	建安工程费	设备费	植物措施费	独立费用	合计
	...					
	第五部分 独立费用					
	...					
Ⅰ	第一至五部分合计					
Ⅱ	基本预备费					
Ⅲ	价差预备费					
Ⅳ	水土保持补偿费					
Ⅴ	工程投资总计					
	静态总投资（Ⅰ＋Ⅱ＋Ⅳ）					
	总投资（Ⅰ＋Ⅱ＋Ⅲ＋Ⅳ）					

二、分部工程概算表

本表适用于工程措施概算、植物措施概算、施工临时措施概算，均按项目划分列至三级项目。

分 部 工 程 概 算 表

序号	工程或费用名称	单位	数量	单价/元	合计/元
	第一部分 工程措施				
一	×××防治区				
（一）	×××工程（一级项目）				
	...				
	第二部分 植物措施				
一	×××防治区				
（一）	×××工程（一级项目）				
	...				
	第三部分 施工临时措施				
一	×××防治区				
（一）	×××工程（一级项目）				
	...				

三、监测措施费概算表

监测措施费概算表

序号	项目名称	单位	数量	单价/元	合计/万元	备注
一	监测人工费					
(一)	高级工程师					
	…					
二	土建设施					
(一)	观测场地					
	场地整治					
	围栏					
	…					
(二)	观测设施					
	沉沙池					
	排水沟					
	…					
三	设备及安装					
(一)	设备费					
1	耐用性设备					折旧费
	…					
2	消耗性设备					耗材
	…					
(二)	安装费					
	…					
四	资料费					
五	建设期观测运行费					

四、独立费用计算书

独立费用计算书

序号	工程或费用名称	单位	数量	单价/元	合计/元
	独立费用				
一	建设管理费	元			
	以新增水土保持投资的第一至第四部分之和为计算基数根据相应费率用累积法计算	元			
二	水土保持方案编制费	元			
三	科研勘测设计费	元			
1	工程科学研究试验费	元			
2	工程勘测设计费	元			
四	水土保持工程监理费	元			
五	水土保持设施验收费	元			

五、分年度投资表

根据施工组织设计确定的施工进度安排,将工程措施、植物措施、监测措施、施工临时措施、独立费用合理分摊到各施工年度并以此计算预备费即为分年度的投资。

分年度投资表　　　　　　　　　　单位:万元

项　　目	合计	建设工期/年					
		1	2	3	4	5	6
一、工程措施							
(一)×××防治区							
×××工程(一级项目)							
二、植物措施							
(一)×××防治区							
×××工程(一级项目)							
三、监测措施							

项　　目	合计	建设工期/年					
		1	2	3	4	5	6
四、施工临时措施							
（一）×××防治区							
×××工程（一级项目）							
五、独立费用							
×××费用（一级项目）							
一至五部分合计							
基本预备费							
价差预备费							
水土保持补偿费							
工程投资总计							
静态总投资							
总投资							

六、概算附表

1. 工程单价汇总表

工 程 单 价 表　　　　单位：元

序号	工程名称	单位	单价	其　　中							
				人工费	材料费	机械使用费	其他直接费	间接费	利润	价差	税金

2. 主要材料预算价格表

主要材料预算价格表

序号	名称及规格	单位	预算价格	其　　中			
				原价	运杂费	采购及保管费	运输保险费

48

3. 施工机械台时费汇总表

施工机械台时费汇总表　　　　　　　单位：元

序号	名称及规格	台时费	其　中				
			折旧费	修理及替换设备费	安拆费	人工费	动力燃料费

4. 主要工程量汇总表

主要工程量汇总表

序号	项目	土石方开挖/m³	土石方填筑/m³	混凝土/m³	砌石/m³	土地平整/m²	林草面积/m²

注：表中统计的工程类别可根据工程实际情况调整。

5. 主要材料用量汇总表

主要材料用量汇总表

序号	工程项目	水泥/t	块石/m³	柴油/kg	苗木/株	草（草皮）/m²	（树、草）籽/kg

注：表中统计的工程类别可根据工程实际情况调整。

6. 工时汇总表

工 时 汇 总 表

序号	工程项目	工时数量	备　注

七、概算附件表格

1. 主要材料运杂费用计算表

主要材料运杂费用计算表

序号	运杂费用项目	运输起止地点	运输距离/km	计算公式	合计/元
	铁路运杂费				

序号	运杂费用项目	运输起止地点	运输距离/km	计算公式	合计/元
	公路运杂费				
	水路运杂费				
	合计				

2. 主要材料预算价格计算表

主要材料预算价格计算表

编号	名称及规格	单位	单位毛重/吨	每吨运费/元	价 格/元				
					原价	运杂费	采购及保管费	运输保险费	预算价格

3. 混凝土材料单价计算表

混凝土材料单价计算表

编号	名称及规格	单位	预算量	调整系数	单价/元	合价/元

注：1. "名称及规格"栏要求标明混凝土标号及级配、水泥强度等级等。

2. "调整系数"为卵石换碎石、粗砂换中细砂及其他调整配合比材料用量系数。

4. 工程单价表

工 程 单 价 表

定额编号			定额单位	

施工方法：

编号	名称及规格	单位	数量	单价/元	合计/元
一	直接费				
（一）	基本直接费				
1	人工费				
	...				

50

编号	名称及规格	单位	数量	单价/元	合计/元
2	材料费				
	…				
3	机械费				
	…				
（二）	其他直接费				
二	间接费				
三	利润				
四	材料价差				
五	税金				
	合计				

第二部分 投资估算的编制

投资估算是设计文件的重要组成部分。投资估算与概算在组成内容、项目划分和费用构成上基本相同，但设计深度有所不同，因此在编制投资估算时，在组成内容、项目划分和费用构成上可适当简化合并或调整。

现将投资估算的编制方法及计算标准规定如下：

（1）基础单价的编制与概算相同。

（2）工程单价的编制与概算相同，但考虑设计深度不同，应乘 10% 的扩大系数。

（3）各部分投资编制方法及标准与概算一致。

（4）可行性研究阶段投资估算基本预备费费率取 6%。

（5）价差预备费计算和费率选取与概算编制相同。

（6）投资估算表格参照概算表格编制，但总估算表和分部工程估算表应增加主体已列和方案新增水土保持投资内容。

总 估 算 表

序号	工程或费用名称	建安工程费	设备费	植物措施费	独立费用	主体已列水保投资	方案新增水保投资	合计
	第一部分　工程措施							
一	×××防治区							
（一）	×××工程（一级项目）							
	…							
	第二部分　植物措施							

序号	工程或费用名称	建安工程费	设备费	植物措施费	独立费用	主体已列水保投资	方案新增水保投资	合计
一	×××防治区							
(一)	×××工程（一级项目）							
	...							
	第三部分 监测措施							
一	监测人工费							
二	土建设施费							
三	设备及安装费							
四	建设期观测运行费							
	第四部分 施工临时措施							
一	×××防治区							
(一)	×××工程（一级项目）							
	...							
	第五部分 独立费用							
	...							
Ⅰ	第一至五部分合计							
Ⅱ	基本预备费							
Ⅲ	价差预备费							
Ⅳ	水土保持补偿费							
Ⅴ	工程投资总计							
	静态总投资（Ⅰ＋Ⅱ＋Ⅳ）							
	总投资（Ⅰ＋Ⅱ＋Ⅲ＋Ⅳ）							

分 部 工 程 估 算 表

序号	工程或费用名称	单位	数量	单价/元	总投资/万元	主体已列/万元		方案新增/万元	
						数量	合计	数量	合计
	第一部分　工程措施								
一	×××防治区								
（一）	×××工程（一级项目）								
	...								

说明：此表适用于工程措施、植物措施和施工临时措施估算表。

54

水土保持生态建设工程
概（估）算编制规定

总　　则

一、为加强西藏自治区水土保持生态建设工程造价的管理及控制，规范概（估）算编制规则和计算方法，提高概（估）算编制质量，合理确定工程投资，在水利部颁发的《水土保持工程概（估）算编制规定》（水总〔2003〕67号）修订的基础上，结合西藏自治区水土保持生态建设工程特点和近年来西藏地区的实际情况，根据水利部《水利工程营业税改征增值税计价依据调整办法》（办水总〔2016〕132号）、《财政部 税务总局 关于调整增值税税率的通知》（财税〔2018〕32号）、《水利部办公厅关于调整水利工程计价依据增值税计算标准的通知》（办财务函〔2019〕448号）等文件要求，形成本规定。

二、本规定适用于西藏自治区范围内水土保持生态建设工程投资文件的编制。报国家审批的项目按水利部部颁规定编制。

三、本规定应与《西藏自治区水土保持工程概算定额》及《西藏自治区水土保持工程施工机械台时费定额》配套使用。当定额子目缺项借用其他行业定额计价时，其编制方法、计价格式和取费标准应执行本规定。

四、工程概（估）算应按编制年的国家政策及价格水平进行编制。开工前如设计方案有重大变更、国家政策及物价有较大变化时，应根据开工年的国家政策及价格水平重新编制，并报原审批单位审批。

五、本规定由西藏自治区水利厅负责管理与解释。

第一部分 设计概算的编制

第一章 概 述

一、投资编制范围

本规定所指投资编制范围，包括以治理水土流失、改善农业生产生活条件和生态环境为目标的水土保持生态建设工程。

二、概算文件编制依据

1. 工程概算编制规定。

2. 工程概算定额。

3. 工程设计有关资料。

4. 西藏自治区颁布的设备、材料价格。

5. 其他。

三、概算文件组成内容

概算文件应包括以下三方面内容：编制说明、概算表和附件。

（一）编制说明

1. 工程概况

工程概况包括工程所属流域、地点、范围、主要措施和工程量、材料用量、施工总工期、总工时、工程总投资、资金来源和投资比例等。

2. 编制依据

（1）西藏自治区颁发的有关法令、规定；设计概算编制原则和依据。

（2）西藏自治区水利厅颁发的现行《西藏自治区水利水电工

程设计概（估）算编制规定》；人工、主要材料，施工用水、电、燃料、砂石料，苗木、草、种子等预算价格的计算依据。

（3）《西藏自治区水土保持工程概算定额》《西藏自治区水土保持工程施工机械台时费定额》和有关部门颁发的定额；主要设备价格的计算依据。

（4）费用计算标准及依据。

（5）征（占）地及淹没处理补偿费的简要说明。

（二）概算表

（1）总概算表。

（2）分部工程概算表。

（3）分年度投资表。

（4）工程单价汇总表。

（5）主要材料、林草（种子）预算价格汇总表。

（6）施工机械台时费汇总表。

（7）主要材料、用工量汇总表。

（8）设备、仪器及工具购置表。

（三）附件

（1）砂石料单价计算书。

（2）混凝土砂浆计算表。

（3）主要材料、苗木、草、种子预算价格计算书。

（4）工程单价分析表。

（5）独立费用计算书。

（6）水土保持监测费概算表。

设计概算表及其附件，可以根据工程实际需要进行取舍，但不能合并。

第二章 项 目 划 分

投资概算由工程措施、林草措施、封育措施、独立费用、预备费、建设期融资利息等六项组成。

第一节 工 程 措 施

工程措施由坡耕地治理工程、小型蓄排引水工程、沟道治理工程、生态清洁工程、防风固沙工程、设备及安装工程以及其他工程七项组成。

一、坡耕地治理工程

坡耕地治理工程包括人工修筑梯田和机械修筑梯田、保土耕作措施、田间作业道路等。

二、小型蓄排引水工程

小型蓄排引水工程包括塘坝、蓄水池、截（排）水沟、排洪（灌溉）渠道等。

三、沟道治理工程

沟道治理工程包括谷坊、拦沙坝、沟头防护工程、滩岸防护工程等。

四、生态清洁工程

生态清洁工程包括沼气池、节柴灶、卫生厕、垃圾池、污水处理站等。

五、防风固沙工程

防风固沙工程包括土石压盖、防沙土墙、沙障、防沙栅栏等。

六、设备及安装工程

设备及安装工程指排灌及监测等构成固定资产的全部设备及

安装工程。

七、其他工程

其他工程包括永久性动力、通信线路、房屋建筑、生产道路及其他配套设施工程等。

第二节 林 草 措 施

林草措施由造林工程、种草工程及苗圃三部分组成。

一、造林工程

造林工程包括播种和栽植前的土地整治、换土、苗木假植，栽植、播种乔（灌）木和种子，以及建设期的幼林抚育等。

二、种草工程

种草工程包括栽植草、草皮和播种草籽等。

三、苗圃

苗圃包括苗圃育苗、育苗棚、围栏及管护房屋等。

第三节 封 育 措 施

封育措施由拦护设施和补植补种组成。

一、拦护设施

拦护设施包括木桩刺铁丝围栏、混凝土刺铁丝围栏等用于封禁生态区域的围栏及宣传标语、标志牌等。

二、补植补种

补植补种指封育范围内补植和补种乔木、灌木、种子，以及草籽。

第四节 独 立 费 用

独立费用由项目建设管理费、水土保持工程监理费、科研勘测设计费、水土保持监测费、征地及淹没补偿费等五项组成。

一、建设管理费

建设管理费指建设单位从工程项目筹建到竣工期间所发生的各种管理性费用，包括建设单位开办费、建设单位人员费、项目管理费三项。

1. 建设单位开办费

建设单位开办费指新组建的工程建设单位，为开展工作所必须购置的办公设施、交通工具等以及其他用于开办工作的费用。

2. 建设单位人员费

建设单位人员费指建设单位从批准组建之日起到完成该工程建设管理任务之日止，需开支的建设单位人员费用，主要包括工作人员的基本工资、辅助工资、职工福利费、劳动保护费、养老保险费、失业保险费、医疗保险费、工伤保险费、生育保险费、住房公积金等。

3. 项目管理费

项目管理费指建设单位从筹建到竣工期间的所有管理费用。

(1) 工程建设过程中用于资金筹措、召开董事（股东）会议、视察工程所发生的会议和差旅等费用。

(2) 工程宣传费。

(3) 土地使用税、房产税、印花税、合同公证费。

(4) 审计费。

(5) 施工期间所需的水情、水文、泥沙、气象和报汛费。

(6) 水土保持工程设施验收费。

(7) 建设单位人员的教育经费、办公费、差旅交通费、会议费、交通车辆使用费、技术图书资料费、固定资产折旧费、零星固定资产购置费、低值易耗品摊销费、工具用具使用费、修理费、水电费、采暖费等。

(8) 招标业务费。

(9) 经济技术咨询费。

(10) 公安、消防部门派驻工地补贴及其他工程管理费用。

二、水土保持工程监理费

水土保持工程监理费指在项目建设过程中聘请监理单位，对工程的质量、进度、投资、安全进行控制，实行项目的合同管理和信息管理，协调有关各方的关系所发生的全部费用。

三、科研勘测设计费

科研勘测设计费指为建设本工程所发生的科研、勘测设计等费用，包括工程科学研究试验费和勘测设计费。

1. 工程科学研究试验费

工程科学研究试验费指在工程建设过程中，为解决工程的技术问题，而进行必要的科学研究试验所需的费用。

2. 工程勘测设计费

工程勘测设计费指工程项目建议书阶段、可行性研究阶段、初步设计阶段、招标设计和施工图设计阶段发生的勘测费、设计费和为设计服务的科研试验费用。

四、水土保持监测费

水土保持监测费指施工期内为监测水土流失动态变化、水土流失治理成效所发生的各项费用，包括监测人工费、土建设施费、设备及安装工程费、资料费、建设期观测运行费等。

五、征地及淹没补偿费

征地及淹没补偿费指工程建设需要的永久征地、临时征地及地面附着物等所需支付的补偿费用。

第五节　预备费及建设期融资利息

一、预备费

预备费包括基本预备费和价差预备费。

1. 基本预备费

基本预备费指在批准的设计范围内设计变更以及为预防一般自然灾害和其他不确定因素可能造成的损失而预留的工程建设资金。

2. 价差预备费

价差预备费指工程建设期间内由于价格变化等引起工程投资增加而预留的费用。

二、建设期融资利息

根据国家财政金融政策规定，工程在建设期内需偿还并应计入工程总投资的融资利息。

第六节 项 目 划 分 表

一、工程措施项目划分表

序号	一级项目	二级项目	三级项目	技经指标
一	坡耕地治理工程			
1		人工修筑梯田		
			人工土坎梯田	元/hm²
			人工石坎梯田	元/hm²
			人工土石坎梯田	元/hm²
			人工修植物坎梯田	元/hm²
		…	…	
2		机械修筑梯田		
			机修土坎梯田	元/hm²
			机修石坎梯田	元/hm²
			机修土石坎梯田	元/hm²
		…	…	
二	小型蓄排引水工程			
1		塘坝		
			土方开挖	元/m³
			土方填筑	元/m³
			砌石	元/m³
			混凝土	元/m³

序号	一级项目	二级项目	三级项目	技经指标
			…	…
2		蓄水池		
			开敞式矩形蓄水池	元/座
			开敞式圆形蓄水池	元/座
			封闭式矩形蓄水池	元/座
			封闭式圆形蓄水池	元/座
			…	…
3		截（排）水沟		
			土方开挖	元/m³
			土方回填	元/m³
			砌石	元/m³
			混凝土	元/m³
			沉沙池	元/座
			…	…
4		排洪（灌溉）渠		
			土方开挖	元/m³
			石方开挖	元/m³
			土石方回填	元/m³
			砌石	元/m³
			混凝土	元/m³
			其他工程	
			…	…
5		泵站		
			土方开挖	元/m³
			石方开挖	元/m³
			土石方回填	元/m³
			砌石	元/m³

序号	一级项目	二级项目	三级项目	技经指标
			混凝土	元/m³
			钢筋混凝土管	元/m
			泵房建筑	元/m²
			其他工程	
		...	...	
三	沟道治理工程			
1		谷坊		
			土方开挖	元/m³
			石方开挖	元/m³
			土料填筑	元/m³
			砌石	元/m³
		...	...	
2		拦沙坝		
			土方开挖	元/m³
			石方开挖	元/m³
			土方回填	元/m³
			石方回填	元/m³
			砌石	元/m³
			混凝土	元/m³
			固结灌浆	元/m
			钢筋	元/t
			反滤体填筑	元/m³
			坝体（趾）堆石	元/m³
			其他工程	
		...	...	
3		沟头防护工程		
			土方开挖	元/m³

序号	一级项目	二级项目	三级项目	技经指标
			石方开挖	元/m³
			砌石	元/m³
			混凝土	元/m³
		...	...	
4		滩岸防护工程		
			土方开挖	元/m³
			石方开挖	元/m³
			土方回填	元/m³
			抛石	元/m³
			混凝土	元/m³
		...	...	
四	生态清洁工程			
1		沼气池	沼气池	元/座
2		节柴灶	节柴灶	元/座
3		卫生厕	卫生厕	元/口
4		垃圾池	垃圾池	元/座
5		污水处理站	污水处理站	元/座
		...	...	
五	防风固沙工程			
1		压盖		
			黏土压盖	元/m²
			泥墁压盖	元/m²
			卵石压盖	元/m²
			砾石压盖	元/m²
			...	...
2		沙障		
			防沙土墙	元/m³

序号	一级项目	二级项目	三级项目	技经指标
			黏土埂	元/m
			高立式柴草沙障	元/m
			低立式柴草沙障	元/m
			立杆串草把沙障	元/m
			立埋草把沙障	元/m
			立杆编织条沙障	元/m
			防沙栅栏	元/m
		…	…	
六	设备及安装工程			
1		排、灌设备		
			设备费	元/台
			安装费	元
		…	…	
2		监测设备	设备费	元/台
			安装费	元
		…	…	
七	其他工程			
1		供电线路		元/km
2		通信线路		元/km
3		房屋建筑		元/m²
4		生产道路		元/km
5		其他		

二、林草措施项目划分表

序号	一级项目	二级项目	三级项目	技经指标
一	造林工程			
1		整地		

序号	一级项目	二级项目	三级项目	技经指标
			水平阶整地	元/hm²
			反坡梯田整地	元/hm²
			水平沟整地	元/hm²
			窄梯田整地	元/hm²
			水平犁沟整地	元/hm²
			鱼鳞坑整地	元/hm²
			穴状整地	元/hm²
			换土	元/m³
		…	…	
2		假植		
			假植乔木	元/株
			假植灌木	元/株
		…	…	
3		栽（种）植		
			条播	元/hm²
			穴播	元/hm²
			撒播	元/hm²
			飞播造林	元/hm²
			植灌木苗	元/株
			植乔木苗	元/株
			插条	元/株
			插干	元/株
			高秆造林	元/株
			栽植经济林	元/株
			栽植果林	元/株
		…	…	
4		抚育工程		

序号	一级项目	二级项目	三级项目	技经指标
			幼林抚育	元/hm²
		…	…	
二	种草工程			
1		栽（种）植		
			条播	元/hm²
			穴播	元/hm²
			撒播	元/hm²
			飞播种草	元/hm²
			栽植草	元/hm²
			铺草皮	元/m²
			…	
三	苗圃			
1		树种子或树苗		元/kg、元/株
2		草种子、草皮		元/kg、元/m²
3		育苗棚		元/m²
4		围栏		元/m
5		管护房屋		元/m²
6		水井		元/眼
7		其他		
		…		

三、封育措施项目划分表

序号	一级项目	二级项目	三级项目	技经指标
一	拦护设施			
1		木桩刺铁丝围栏		元/m
2		混凝土桩刺铁丝围栏		元/m
3		标志（宣传）牌		元/块

序号	一级项目	二级项目	三级项目	技经指标
		...		
二	补植、补种			
1		栽植树苗		元/株
2		栽植草		元/hm²
		...		

四、独立费用项目划分表

序号	一级项目	二级项目	技经指标
一	项目建设管理费		
二	水土保持工程监理费		
三	科研勘测设计费		
1		科学研究试验费	
2		工程勘测费设计费	
四	水土保持监测费		
五	征地及淹没补偿费		
1		土地	
2		房屋	
3		树	
4		其他	

第三章 编制办法及计算标准

工程措施、林草措施、封育措施建安工程费由直接费、间接费、利润和税金组成。工程措施、林草措施费和封育治理措施按"价税分离"的计价规则计算。其税前工程单价为人工费、材料费、施工机械使用费、其他直接费、间接费、利润之和，各费用项目均以不包含增值税进项税额的价格计算。

直接费指工程施工过程中直接消耗在工程项目上的活劳动和物化劳动，由基本直接费和其他直接费组成。基本直接费包括人工费、材料费、机械使用费。

一、基础单价

（一）人工工资

人工单价预算方法参照生产建设项目水土保持概（估）算编制规定中的人工单价计算方法执行。

（二）材料预算价格

1. 主要材料预算价格

对于用量多、影响投资大的主要材料，如钢材、水泥、柴油、外购砂石料及块石等，一般需编制材料预算价格。主要材料预算价格为不含增值税价格，由材料原价、包装费、运输保险费、运杂费、采购及保管费等组成。计算公式为

材料预算价格＝[材料原价(除税价)＋运杂费(除税价)]×(1＋采购及保管费率)＋运输保险费

（1）材料原价。材料原价指材料不含增值税的出厂价、公司供应价或指定交货地点的价格。

（2）运输保险费。按西藏自治区或保险公司有关规定计算。

（3）材料运杂费。

1）运输里程。按西藏自治区交通运输厅颁发的《西藏自治区公路营运里程表》规定的公路营运里程加计营运里程终点至工地仓库或工地材料堆放地的距离计算。

2）运杂费。铁路运输，按按国家铁路集团《铁路货物运价规则》及有关规定计算。公路运输，按照西藏自治区交通部门现行规定或按西藏自治区不含增值税市场平均价计算。一般材料如有两个以上供应点，应根据不同的运距、运价采用加权平均法计算运费。

（4）采购及保管费。

1）工程措施的材料采购及保管费按材料运到工地仓库价格（不包括运输保险费）的2.3%计算。

2）林草措施、封育措施的材料采购及保管费按材料运到工地仓库价格（不包括运输保险费）的1.1%计算。

2. 主要材料单价

（1）砂石料单价。外购砂料石按工程参照大宗建材预算价格计算方法确定。外购砂、碎石（砾石）、块石、料石等应按不含增值税的价格计算，其最高限价按60元/m³计取。超过部分计取税金后列入工程单价或相应分部分项之后。

（2）钢筋、水泥单价。钢筋原价按工程所在地区地、市金属材料公司、钢材交易中心不含增值税的市场价选用。水泥原价一般应按水泥生产厂家不含增值税出厂价确定。水泥品种及规格按照设计要求选用。钢筋、水泥应按基价计入工程单价参与取费，不含增值税的预算价格与基价的差额以材料补差形式计算，材料补差列入单价表中并计取税金。钢筋基价为4300元/t，水泥基价为470元/t。

（3）汽柴油单价。汽柴油原价采用工程所在地区地、市（县）、镇公司不含增值税供应价。原价的代表品种按表3-1计算。

表 3−1			汽柴油原价代表规格	
材料名称	一类气温区	二类气温区	三类气温区	四类气温区
0 号柴油	70％	60％	50％	30％
−20 号柴油	30％	40％	50％	70％
90 号汽油	100％			

3. 电价

根据项目所在地不含增值税的实际电价计算。计算方法参考生产建设项目水土保持工程。

4. 水价

根据项目所在地不含增值税的实际供水方式计算。计算方法参考生产建设项目水土保持工程。

5. 风价

按 0.18 元/m³ 计算。或根据项目所在地不含增值税的实际供水方式计算。计算方法参考生产建设项目水土保持工程。

（三）林草（籽）预算价格

（1）苗木、草、种子的预算价格根据植物类型、规格大小，以苗圃或当地不含增值税的市场价格加运杂费和采购及保管费计算。

（2）苗木、草、种子预算价格实行限价，乔木限价 30 元/株、灌木限价 15 元/株、草皮限价 10 元/m²、种子限价 60 元/kg。当计算的预算价格超过限价时，应按限价计入工程单价参加取费，超过部分以价差形式计算，列入单价表并计取税金；当计算的预算价格低于限价时，按预算价计入工程单价。

（四）施工机械使用费

施工机械使用费采用《西藏自治区水土保持工程施工机械台时费定额》计算。根据《水利部办公厅关于调整水利工程计价依据增值税计算标准的通知》（办财务函〔2019〕448 号）规定，施工机械台时费定额的折旧费除以 1.13 调整系数，修理及替换设备费除以 1.09 调整系数，安装拆卸费不变。如有变化按照国家最新相关规定调整执行。

二、取费标准

（一）其他直接费

其他直接费包括冬雨季施工增加费，仓库、简易路、涵洞、工棚、小型临时设施摊销费及其他等。其他直接费费率见表3-2。

表3-2 其他直接费费率表

工程类别	计算基础	其他直接费费率/%
工程措施	基本直接费	4
林草措施	基本直接费	1.5
封育措施	基本直接费	1.0

（二）间接费

间接费是指工程施工过程中构成成本，但又不直接消耗在工程项目上的有关费用，包括工作人员工资、办公费、差旅费、交通费、固定资产使用费、管理用具使用费和其他费用等。间接费费率见表3-3。

表3-3 间接费费率表

工程类别	计算基础	其他直接费费率/%
工程措施	基本直接费	7.6
林草措施	基本直接费	5.5
封育措施	基本直接费	4.4

（三）利润

利润指按规定应计入工程措施、林草措施、封育措施费用中的利润。

1. 工程措施

利润按直接费与间接费之和的5%计算。按指标计算的设备及安装工程、其他工程等不计利润。

2. 林草措施

利润按直接费与间接费之和的5%计算。按指标计算的育苗棚、管护房、水井等不计利润。

3. 封育措施

利润按直接费与间接费之和的 2% 计算。按指标计算的辅助设施等不计利润。

（四）税金

税金指按国家有关规定应计入其费用内的增值税销项税额，按增值税税率 9% 计算。

三、工程单价编制

（一）建筑工程单价的编制

1. 直接费

直接费＝基本直接费＋其他直接费

基本直接费＝人工费＋材料费＋机械使用费

其他直接费＝基本直接费×其他直接费费率

2. 间接费

间接费＝直接费×间接费费率

3. 企业利润

企业利润＝（直接费＋间接费）×利润率

4. 材料价差

材料价差＝（材料预算价格－基价）×材料消耗量

5. 税金

税金＝（直接费＋间接费＋价差＋利润）×税率

6. 工程单价

工程单价＝直接费＋间接费＋价差＋利润＋税金

（二）安装工程单价的编制

安装工程单价指构成固定资产的全部设备的安装费。安装费中包括直接费、间接费、利润、税金。

（1）排灌设备的安装费占排灌设备费的 6%。

（2）监测设备的安装费占监测设备费的 5%。

四、各部分投资编制

第一部分　工程措施

（1）坡耕地治理工程、小型蓄排引水工程、沟道治理工程、防风固沙工程，根据设计工程量乘工程单价进行计算。

（2）设备及安装工程。设备费按设计的设备数量乘设备预算价格计算，设备安装费按设备费乘费率进行计算。

（3）其他工程。按设计的数量乘扩大单位指标进行计算。

第二部分 林 草 措 施

（1）栽植树木、草（籽）及播种树籽、草籽费用。根据设计苗木、草（籽）及种子数量乘植物措施单价进行计算。

（2）抚育费。根据抚育内容、数量、次数及时间，按定额计算。

（3）育苗棚、管护房、水井按扩大单位指标进行计算。

第三部分 封 育 措 施

（1）补植、补种树苗、草（籽）费用。根据设计补植补种工程量乘工程单价进行计算。

（2）拦护设施费用根据设计工程量乘工程单价进行计算。

（3）辅助设施费用按扩大单位指标进行编制。

第四部分 独 立 费 用

1. 项目建设管理费

建设管理费按第一至三部分合计为计算基础，根据费率列表按照累积法计取。建设管理费费率及算例见表3-4。

表 3-4　　　　　建设管理费费率表　　　单位：万元

一至三部分 投资合计	费率 /%	算 例	
		一至三部分投资合计	建设管理费
1000 以下	2	1000	1000×2%＝20
1001～5000	1.5	5000	20＋（5000－1000）×1.5%＝80
5001～10000	1.2	10000	80＋（10000－5000）×1.2%＝140
10001～50000	1	50000	140＋（50000－10000）×1%＝540
50000 以上	0.8	60000	540＋（60000－50000）×0.8%＝620

2. 水土保持工程监理费

根据《建设工程监理与相关服务收费管理规定》（发改价格

〔2007〕670号）计算，也可依据《国家发展改革委关于进一步放开建设项目专业服务价格的通知》（发改价格〔2015〕299号）按照市场调节价、合同价计列。

3.科研勘测设计费

（1）科学研究试验费。按第一部分至第三部分投资之和的0.2%～0.4%计算。一般不列此费用。

（2）勘测设计费可依据《国家发展改革委关于进一步放开建设项目专业服务价格的通知》（发改价格〔2015〕299号）按照市场调节价，或者合同价计列。

4.水土保持监测费

水土保持监测费包括监测人工费、土建设施费、设备及安装工程费、资料费、建设期观测运行费。

水土保持监测费结合国家水土保持项目管理规定计算，或根据以下方法计算：

（1）监测人工费。人工费按照高级工程师每人8万～10万/年，工程师每人6万～8万/年，助理工程师每人4万～6万/年计算，或根据西藏当地相关规定计算监测人工费。

（2）土建设施费按设计工程量乘以工程单价进行编制。

（3）设备及安装工程费按设备费及安装费分别计算。安装费按照设备费的5%计算。

（4）资料费。资料费包括遥感影像、印刷费等费用，根据市场价计算。

（5）建设期观测运行费。建设期观测运行费包括系统运行材料费、维护检修费和常规观测费，可在具体监测范围、监测内容、方法及监测时段的基础上分项计算，或按第一部分至第三部分之和的1.5%计算。

5.征地及淹没补偿费

按工程建设及施工占地和地面附着物等的实物量乘以相应的补偿标准计算。

五、预备费

预备费包括基本预备费和价差预备费。

1. 基本预备费

基本预备费按工程概算第一至第五部分之和的 3% 计取。

2. 价差预备费

价差预备费不计。如需计取，按照国家最新有关规定计算，计算方法如下：

根据工程施工工期，以分年度的静态投资为计算基数，按国家规定的物价上涨指数计算，其计算公式为

$$E = \sum_{n=1}^{N} F_n \left[(1 + p)^n - 1 \right]$$

式中　E——价差预备费；

　　　N——合理建设工期；

　　　n——施工年度；

　　　F_n——在建设的第 n 年的分年投资；

　　　p——年物价指数。

六、建设期融资利息

按国家财政金融政策规定计算。

七、静态总投资、总投资

1. 静态总投资

工程一至四部分投资与基本预备费之和构成静态总投资，按顺序列在基本预备费之后。

2. 总投资

工程静态总投资、价差预备费、建设期融资利息之和构成总投资，按顺序列在最后。

八、概算表格

下列表（表 3-5～表 3-12）作为编报设计概算的基本表格，随工程设计文件一并上报。

（1）总概算表（表 3-5）。

（2）分部工程概算表（表 3-6）。

（3）分年度投资表（表3-7）。

（4）单价汇总表（表3-8）。

（5）主要材料、林草（种子）预算价格汇总表（表3-9）。

（6）施工机械台时费汇总表（表3-10）。

（7）主要材料量汇总表（表3-11）。

（8）设备、仪器及工具购置表（表3-12）。

表3-5　　　　　　　　　总概算表　　　　　　　单位：万元

序号	工程或费用名称	建安工程费	植物措施费	设备费	独立费用	合计
	第一部分　工程措施					
一	坡耕地治理工程					
	…					
	第二部分　林草措施					
一	水土保持造林工程					
	…					
	第三部分　封育措施					
一	拦护设施					
	…					
	第四部分　独立费用					
一	项目建设管理费					
二	水土保持工程监理费					
三	科研勘测设计费					
四	水土保持监测费					
五	征地及淹没补偿费					
Ⅰ	一至四部分合计					
Ⅱ	基本预备费					
Ⅲ	价差预备费					
	静态总投资（Ⅰ＋Ⅱ）					
	总投资（Ⅰ＋Ⅱ＋Ⅲ）					

分 部 工 程 概 算 表   单位：万元

序号	工程或费用名称	单位	数量	单价/元	合价/元
	第一部分　工程措施				
一	坡耕地治理工程				
1	人工梯田				
	人工土坎梯田	元/hm²			
	…				
	第二部分　林草措施				
一	造林工程				
1	整地				
	水平阶整地	元/hm²			
	…				
	第三部分　封育措施				
	…				
	第四部分　独立费用				
一	项目建设管理费				
二	水土保持工程监理费				
三	科研勘测设计费				
四	水土保持监测费				
五	征地及淹没补偿费				
	一至四部分合计				
	基本预备费				
	静态总投资				
	价差预备费				
	总投资				

表 3 - 7　　　　　**分 年 度 投 资 表**　　　　单位：万元

工程及费用名称	合计	建设工期/年			
		1	2	3	4
第一部分　工程措施					
一、坡耕地治理工程					
…					
第二部分　林草措施					
一、造林工程					
…					
第三部分　封育措施					
一、拦护设施					
…					
第四部分　独立费用					
一、项目建设管理费					
二、水土保持工程监理费					
三、科研勘测设计费					
四、水土保持监测费					
五、征地及淹没补偿费					
一至四部分合计					
基本预备费					
静态总投资					
价差预备费					
总投资					

表 3 - 8　　　　　**工 程 单 价 汇 总 表**　　　　单位：元

序号	工程名称	单位	单价	直接费	间接费	利润	价差	税金

表 3 – 9 　　　主要材料、林草（种子）预算价格汇总表 　　　单位：元

序号	名称及规格	单位	预算价格/元	其中			
				原价	运杂费	采购及保管费	运输保险费

表 3 – 10 　　　　　　　施工机械台时费汇总表 　　　　　　单位：元

序号	名称及规格	台时费	其中				
			折旧费	修理及替换设备费	安拆费	人工费	动力燃料费

表 3 – 11 　　　　　　　主要材料量汇总表

序号	工程项目	水泥/t	块石/m³	柴油/t	苗木/株	种子/kg	化肥/kg

表 3 – 12 　　　　　　　设备、仪器及工具购置表

序号	名称、规格及型号	单位	数量	单价/元	合价/元

九、概算附件

1. 主要材料运杂费用计算表

主要材料运杂费用计算表

序号	运杂费用项目	运输起止地点	运输距离/km	计算公式	合计/元
	铁路运杂费				
	公路运杂费				
	水路运杂费				
	合计				

83

2. 主要材料预算价格计算表

主要材料预算价格计算表

编号	名称及规格	单位	单位毛重/吨	每吨运费/元	价格/元				
					原价	运杂费	采购及保管费	运输保险费	预算价格

3. 混凝土材料单价计算表

混凝土材料单价计算表

编号	名称及规格	单位	预算量	调整系数	单价/元	合价/元

注: 1. "名称及规格"栏要求标明混凝土标号及级配、水泥强度等级等。

2. "调整系数"为卵石换碎石、粗砂换中细砂及其他调整配合比材料用量系数。

4. 工程单价分析表

工程单价分析表

序号	工程名称	单位	数量	单价/元	合价/元
施工方法					
序号	工程名称	单位	数量	单价/元	合价/元
一	直接费				
(一)	基本直接费				
1	人工费				
	...				
2	材料费				
	...				
3	机械费				
	...				
(二)	其他直接费				

84

序号	工程名称	单位	数量	单价/元	合价/元
二	间接费				
三	利润				
四	材料价差				
五	税金				
	合计				

5. 独立费用计算书

独立费用计算书

序号	工程或费用名称	单位	数量	单价/万元	合计/万元
	独立费用				
一	建设管理费	元			
1	以新增水土保持投资的第一至第三部分之和为计算基数根据相应费率用累积法计算	元			
二	水土保持工程监理费	元			
三	科研勘测设计费	元			
1	工程科学研究试验费	元			
2	工程勘测设计费	元			
四	水土保持监测费	元			
五	征地及淹没补偿费	元			

6. 水土保持监测费概算表

水土保持监测费概算表

序号	项目名称	单位	数量	单价/元	合计/万元	备注
一	监测人工费					
（一）	高级工程师					
	...					
二	土建设施					

序号	项目名称	单位	数量	单价/元	合计/万元	备注
（一）	观测场地					
	场地整治					
	围栏					
	…					
（二）	观测设施					
	沉沙池					
	排水沟					
	…					
三	设备及安装					
（一）	设备费					
1	耐用性设备					折旧费
	…					
2	消耗性设备					耗材
	…					
（二）	安装费					
	…					
四	资料费					
五	建设期观测运行费					

第二部分　投资估算的编制

　　可行性研究投资估算与初步设计概算在组成内容、项目划分和费用构成上基本相同，仅设计深度不同，因此在编制可行性研究投资估算时，在项目划分、组成内容和费用构成上，可适当简化合并或调整。

　　现将可行性研究投资估算的编制方法及计算标准规定如下：

　　（1）基础单价的编制与概算相同。

　　（2）工程单价的编制与概算相同，考虑设计深度不同，应乘10%的扩大系数。

　　（3）各部分投资编制方法及标准与概算基本相同。

　　（4）可行性研究阶段投资估算基本预备费费率取6%；项目建议书阶段基本预备费费率取10%。

　　（5）价差预备费计算和费率选取与概算编制相同。

　　（6）投资估算表格与概算表格基本相同。

附　　录

附录1 西藏自治区地区类别划分表

地区类别	包　括　范　围
二类区	拉萨市的城关区及所属办事处；堆龙德庆区驻地、东嘎、古荣、玛乡、乃琼、柳梧、德庆区；墨竹工卡县驻地、墨竹工卡、巴洛、唐家、直孔、扎雪区；曲水县驻地、聂当、采纳、曲水、达嘎、色麦区；达孜区驻地、德庆、拉木、唐嘎、帮堆区；尼木县驻地、尚日、吞、尼木区； 　林芝市的巴宜区、米林县驻地、米林、扎西绕登、羌纳、卧龙、里龙、派区。工布江达县驻地、峡龙、雪卡、仲萨、娘蒲、加兴、金达、朱拉、错高、江达区； 　山南市的乃东区驻地、泽当街道、昌珠镇、颇章、结巴、多颇章、索珠、亚堆乡；贡嘎县驻地、吉雄、朗杰学、杰德秀、昌果、前进、江塘；扎囊县驻地、扎塘、扎其、结林、吉汝、桑伊区；桑日县驻地、绒辖、桑日、沃卡区；加查县驻地、安绕、冷达、加查、红旗、拉绥区；朗县驻地、古如朗杰、洞嘎、金东、拉多区；琼结县驻地、穷果、曲沟、久河区；曲松县驻地、下江、下洛、堆水区；浪卡子县的卜拉区；错那县的勒布、觉拉区；洛扎县驻地、拉康、嘎波、生格、边巴区；隆子县驻地、三安曲林、加玉、新巴区；措美县的当巴、乃西区； 　日喀则市的桑珠孜区驻地、城关镇、东嘎、甲措雄、大竹、江当、曲美乡；南木林县的多角、艾马岗、土布加区；萨迦县的孜松、吉定区；拉孜县的拉孜、扎西岗、彭错林区；定日县的卡达、绒辖区；聂拉木县驻地；吉隆县的吉隆区；谢通门县驻地、恰嘎区；江孜县的卡麦、重孜区；仁布县驻地、仁布、德吉林区；亚东县驻地、下司马镇、下亚东、上亚东区；白朗县驻地、洛布穷孜、杜穷、嘎东、强堆区；樟木口岸 　昌都市的卡若区驻地、城关镇、俄洛镇、沙贡、达邑、日通、加卡、柴维乡；左贡县的萨诺、中林卡、下林卡区；察雅县驻地、烟多、吉塘、卡贡、荣周区；八宿县驻地、白马、林卡区；察隅县驻地、竹林根、古玉、古拉、下察隅、上察隅区；江达县的同普、波罗、岗托、汪布堆区；芒康县的徐中、盐井、朱巴龙、如美区；卡若区的嘎马乡；丁青县驻地、丁青、协堆、尺牍、色扎、当堆、觉恩、沙贡区；边坝县驻地、波洛、香具、哈加区；左贡县驻地、扎玉、乌雅区；察亚县的则松、香堆、王卡区；八宿县的然乌、夏里区；察隅县的察瓦龙区；

地区类别	包 括 范 围
二类区	江达县驻地、卡贡区；洛隆县驻地、硕般多、俄西、新荣、孜托、洛隆、马利区；类乌齐县驻地、桑多、尚卡、甲桑卡区；芒康县驻地、卡托、错瓦、宗西、邦达、奔巴、鲁然区；波密县驻地、扎木、硕多、许木、玉仁、八盖、多吉、松宗、康玉区；青藏公路青海省的格尔木、大柴旦的西藏各单位。青藏公路的花海子、长草沟沿途西藏各站
三类区	拉萨市的墨竹工卡县的门巴区；林周县驻地、唐古、阿郎、旁多区；尼木县的安岗、帕古、麻江区；当雄县驻地、公塘、羊八井、宁中、乌马塘区；墨脱县驻地、墨脱、加热萨、旁辛、德兴、背崩、金珠（格当）区； 山南市的桑日县的真纠区；琼结县的加麻区；曲松县的贡康沙、邛多江区；浪卡子县驻地、浪卡子、打隆、多却、隆布雪、阿扎、白地、东嘎区；错那县驻地、洞嘎、错那区；洛扎县的色、蒙达区；隆子县的当日、扎日、俗坡下、雪萨区；措美县驻地、当许区；南木林县驻地、南木林、乌郁、忙热（猛武）、仁雄、拉布、甲措区；定结县驻地、陈塘、萨尔、定结、金龙区；萨迦县驻地、萨迦、麻加、赛区；拉孜县驻地、曲下、温泉、柳区；定日县驻地、帕桌、长所、措果、协格尔、定日、克玛、白巴区；聂拉木县的章东、门布、锁作区；吉隆县驻地、宗嘎、差那、贡当区；谢通门县的塔玛、查拉、德来区；昂仁县驻地、煤矿、多白、亚木、卡嘎区；江孜县驻地、江孜城关、年堆、卡堆、江热、龙马、金嘎区；康马县驻地、康马、康如、萨马达、嘎拉、少岗、涅如区；仁布县的帕当、然巴、亚德区；亚东县的帕里镇、堆纳区；白朗县的汪丹区；萨嘎县的旦嘎区； 昌都市的卡若区的妥坝、拉多、面达乡、边巴县的恩来格区；贡觉县的则巴、拉妥、木协、罗麦、雄松区；左贡县的田妥、美玉区；察亚县的括热、宗沙区；八宿县的邦达、同卡、夏雅区；江达县的德登、青泥洞、字嘎、西邓科、生达区；洛隆县的腊久区；类乌齐的长毛岭、卡马多（巴夏）、类乌齐区；芒康县的戈波区； 那曲市的巴青县驻地、高口、益塔、雅安多区；索县驻地、索巴、荣布、江达、军巴、宁巴区；比如县驻地、比如、热西、柴仁、彭盼、山扎、白嘎区；嘉黎县的尼屋区；青藏公路的西大滩运输区、加油站
四类区	拉萨市当雄县的纳木错区； 山南市的贡嘎县的东拉区；浪卡子县的张达、林区；措美县的哲古区；定结县的德吉区（日屋）；谢通门县的春哲（龙桑）、南木切区；昂仁的桑桑、查孜、措麦区；仲巴县驻地、扎东、帕羊、隆嘎尔、岗久区；岗巴县驻地、岗巴、塔杰区；萨喝县驻地、加加、雄如、达

地区类别	包 括 范 围
四类区	吉岭区；丁青县的嘎塔区； 　那曲市的色尼区驻地、那曲、罗玛、古露镇、达仁、哈尔麦、马尔达、桑雄、孔马乡；安多县驻地、买玛、扎仁区；聂荣县驻地、错阳、白雄、查吾拉、尼玛、扎玛区；巴青县的江绵、仓来、巴青本索区；比如县的下秋卡、恰则区；班戈县驻地、江措、青龙、多巴、普保、赛龙、保吉、德庆、新吉、均那区；双湖县驻地、色哇、尼玛、察桑、容玛区；嘉黎县驻地、嘉黎、同德、阿扎、色日绒、巴嘎、桑巴、麦地下卡区；申扎县驻地、申扎、雄梅、巴扎区；文部办事处驻地、文部、吉瓦、邦多、甲谷、卓瓦区； 　阿里地区所在地（狮泉河）噶尔县驻地、昆沙、门士、左左、扎西岗区；日土县驻地、热邦、日土、多玛、日松区；扎达县驻地、扎布让、底雅、萨让、达旦、曲松、香孜区；普兰县驻地、兴巴（普兰或隆）、巴嘎、霍尔区；革吉县驻地、雄巴、盐湖、邦巴、亚热区；改则县驻地、洞措马米、康托、物玛、察布区；措勤县驻地、达雄、江让、措勤、磁石区；青藏公路由青海省的昆仑山口至西藏那曲地区的那曲县境

附录 2　西藏自治区气温区划分表

序号	气温区	包 括 范 围
1	一类区	拉萨市（当雄除外）、昌都市（芒康、左贡、丁青、洛隆、类乌齐除外）、山南市（浪卡子、错那除外）、日喀则市（定日、聂拉木、亚东除外）、林芝市
2	二类区	山南市（浪卡子）、昌都市（芒康、左贡、丁青、洛隆、类乌齐）、日喀则市（定日、聂拉木）、阿里地区（普兰）
3	三类区	拉萨市（当雄）、山南市（错那）、那曲市（安多除外）、日喀则市（亚东）、阿里地区（普兰除外）
4	四类区	那曲市（安多）